中国航天基金会 CHINA SPACE FOUNDATION　本项目由中国航天基金会支持

我们必须征服宇宙

中国航天奠基人
钱学森的人生传奇

星弹伟业

钱永刚/主编
顾吉环 邢海鹰/编著
上尚印象/绘

電子工業出版社
Publishing House of Electronics Industry
北京·BEIJING

“你在一个晴朗的夏夜，
望着繁密的闪闪群星，
有一种可望而不可及的失望吧！
我们真的如此可怜吗？
不，绝不！
我们必须征服宇宙！”

太好啦！钱爷爷终于要回到祖国了！

钱爷爷的回国之路太艰辛了。

然后呢？回国以后呢？

钱爷爷回来了，全国人民都很兴奋。他是个大科学家，党和国家都特别重视他。

钱爷爷回国以后都做了些什么呀？你都给我说说嘛。

钱爷爷做的事可太多了，而且都是大事，让我想想从哪里说起。

你知道什么是“两弹一星”吗？

不知道，是什么呀？

我们常说的“两弹一星”，是1960年提出来的，在那个时候，“两弹一星”是指导弹、原子弹和人造地球卫星。现在，“两弹一星”的概念扩大了，“两弹”是指导弹、运载火箭、火箭、原子弹、氢弹、中子弹还有核潜艇，而“一星”是指人造地球卫星、飞船还有深空探测器。

这些都有钱爷爷参与吗？

不，导弹和卫星是钱爷爷组织领导的。就是在他回国以后，我们国家的导弹和航天事业才算真正起步，他是当之无愧的奠基人。

钱爷爷好厉害，
他太伟大了！

当然啦！有人说，如果没有钱爷爷，中国的导弹和卫星事业至少要推迟20年。

怪不得美国政府阻止钱爷爷回国呢。

是呀，他们是想阻碍中国的发展，不想让中国变强大。

哥哥，你再给我讲讲钱爷爷参与“两弹一星”事业的故事吧。

东北之行
好，那我们就从钱爷爷访问东北开始！

钱学森先后在哈尔滨、长春、吉林、沈阳、抚顺、鞍山、大连7个城市，参观了当时全国最大的钢铁厂、煤矿、水电站、炼油厂、机床厂、汽车厂、电机厂、飞机厂和有关研究院所。

哈军工的全称为中国人民解放军军事工程学院，是新中国成立后组建的第一所高等军事工程学院。

我是陈赓，欢迎钱先生来我们学院参观指导！

陈赓不仅是哈军工的院长，还是中国人民解放军副总参谋长，平时主要在北京总参谋部办公。
陈院长，您怎么来了？

我特意从北京飞来哈尔滨迎接钱先生啊！

真是太荣幸了。

钱先生您太客气了，我们边走边聊吧。
好的，您请。

学校的陈列馆里展示着各种美军军事装备，钱学森认真地看着，并与陈赓大将讨论着。

这些都是从朝鲜战场上缴获的美军军事装备。

太壮观了！

钱学森参观风洞试验室时十分激动。
咱们的空气动力学研究已初具规模了，很了不起！

对火箭的研究也超出了我的预料。
火箭试验环境。

钱先生，今日的哈军工之行，您有什么感想？

不瞒您说，祖国的国防建设出乎我的意料。

钱先生，您看我们中国人能不能搞导弹？

有什么不能的？外国人能搞的，难道中国人不能搞？中国人比他们矮一截不成？

好极了！我要的就是您这句话！

中国导弹之父
就因为这句话，钱学森与中国的火箭、导弹事业结下了不解之缘。

陈赓问钱学森中国人能不能搞导弹并不是一时兴起，而是代表着新中国领导人的战略思考。

1953 年，中国取得了抗美援朝战争的胜利，但由于装备落后，缺乏先进武器，中国人民志愿军付出了沉重的代价。

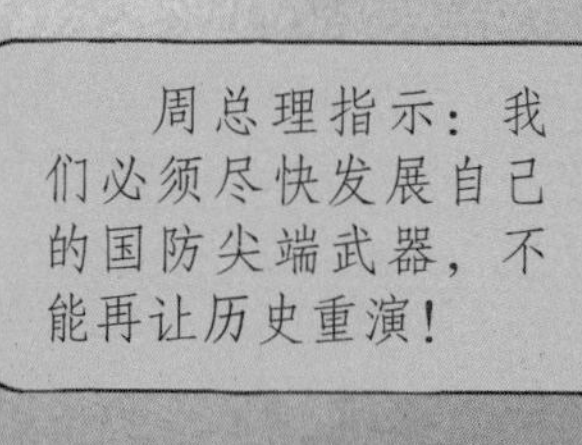
周总理指示：我们必须尽快发展自己的国防尖端武器，不能再让历史重演！

周总理说得对。
我完全赞同。

1955年12月23日，在东北地区参观考察了一个月的钱学森回到了北京。

12月26日下午，钱学森在陈赓的陪同下，来到北京医院看望彭德怀。

久闻钱先生的大名！

能得到党和国家的信任与重视，让我倍感荣幸。

您请讲。
钱先生，我是个军人，今天找您来，想探讨一下有关火箭的问题。

在中国现有的经济和技术条件下，如果研制一种射程在300～500千米的短程火箭，需要多长时间？

如果只是研制火箭，那用不了多少时间，但要解决火箭发射后的自动控制问题，需要大量时间。

当年德国V-2飞弹命中率很低就是因为自控系统不过关。

那依钱先生来看，同时解决这些问题需要多久？

美国军方用了近十年的时间研制出第一枚导弹。我们可以比他们快，五年的时间差不多。

好！有你这句话我就放心了！钱先生，中国的国防建设就交给你们了！

1956 年春节，陈赓陪同钱学森夫妇来到叶剑英元帅家里做客。
陈赓向我说了你对国防建设的一些想法，我早就想见你一面了。

这些就是研制导弹的基本思路和研制经费的大致估算。

好啊，钱先生不愧是这方面的专家！

最后我建议设立一个专门的机构来做这件事情。

在周总理的办公室内，叶剑英向周总理滔滔不绝地说着钱学森关于研制导弹的设想。

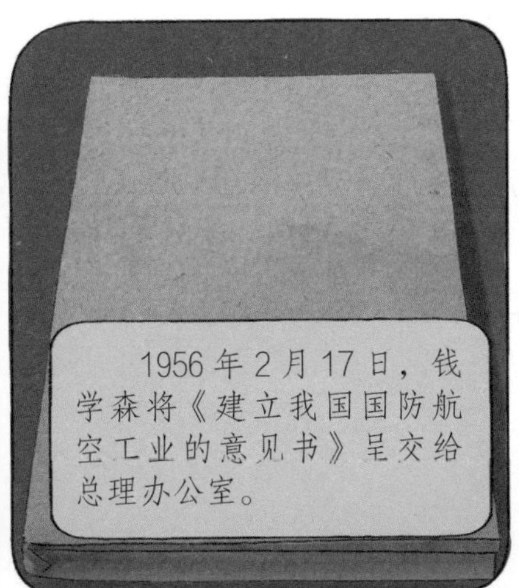
1956年2月17日，钱学森将《建立我国国防航空工业的意见书》呈交给总理办公室。

周恩来在《建立我国国防航空工业意见书》标题下写上了钱学森的名字。

将这份意见书印发给中央军委委员。

好好好！

这份意见书为中国火箭和导弹技术的建设与发展提供了重要的实施方案，受到了中共中央和中央军委的高度重视。

1956年1月10日，全国政协二届常委会第十二次会议召开。

学森同志，听说美国人把你比作五个师，在我看来，你远远不止五个师呢！

是啊！

1956年3月14日，国务院总理周恩来在中南海亲自主持召开中央军委会议。
今天军委会议的主要内容就是请钱学森同志谈谈我国发展导弹技术的设想和规划。

会议上，钱学森对发展中国导弹技术做出了合理的设想和规划。

1956 年 4 月 13 日，国务院决定正式成立航空工业委员会，直属国防部领导。

1956 年 5 月 10 日，聂荣臻向中央军委提出《建立我国导弹研究工作的初步意见》。
让他们放心干，成功了功劳是他们的，失败了由国家担着！

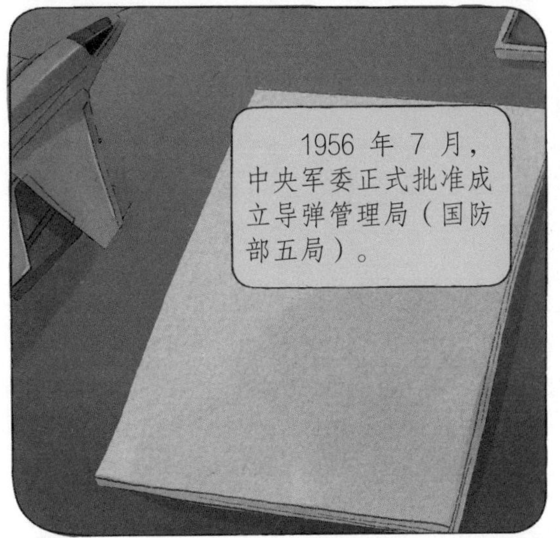
1956 年 7 月，中央军委正式批准成立导弹管理局（国防部五局）。

恭喜钱学森同志出任国防部第五研究院院长！
1956 年 10 月 8 日，中国第一个导弹研制机构——国防部第五研究院在北京召开成立大会。

此后，钱学森在周恩来、聂荣臻的直接领导下，开始了中国导弹事业的建设工作。

1958 年 10 月 16 日，国防部第五研究院仿制 P-2 导弹工程正式立项，并将工程代号定为“1059”。
我们虽然参考的是苏联的设计方案，但是我们也要创新……

1960 年 9 月，中国成功仿制出第一枚导弹“1059”。
我们成功了！

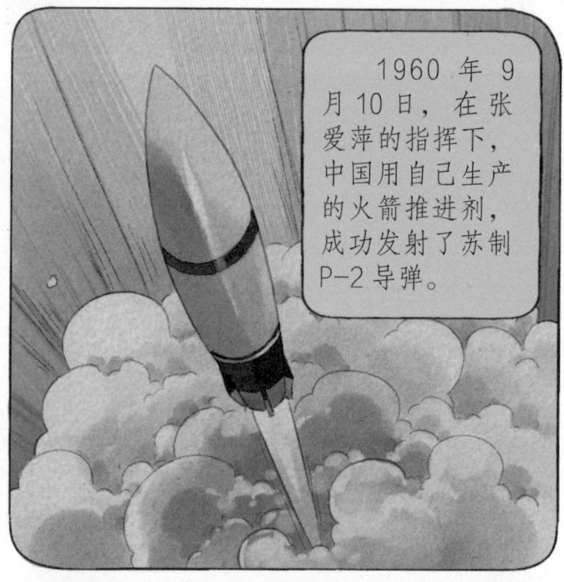
1960 年 9 月 10 日，在张爱萍的指挥下，中国用自己生产的火箭推进剂，成功发射了苏制 P-2 导弹。

导弹在空中按预定轨道飞行了 7 分钟，成功命中目标！

经决定，“1059”导弹将于11月5日试行发射。

5分钟准备！

1分钟准备！

点火！

成功啦！
我们成功啦！

聂荣臻立即向周恩来总理打电话报告。
试验成功！

我们有自己的导弹了！

12月6日和12月16日，又成功发射了第二枚、第三枚“1059”。

“1059”导弹，后来被命名为东风一号，列入东风导弹系列。

"1059"已经发射成功了，我们下一步应该怎么做？

我们接下来的工作是突破仿制，进行独立设计，建立属于我们自己的导弹技术体系！

仿制不是目的，但仿制和自行设计完全不同，"要先学会走路，然后再跑步"。

我们要以"1059"导弹为基本，总体上不做大改动，但是要对弹体结构和控制系统做相应的改进，让射程达到1000千米左右。

这枚中国自行研制设计的中近程导弹被命名为东风二号。
东风二号

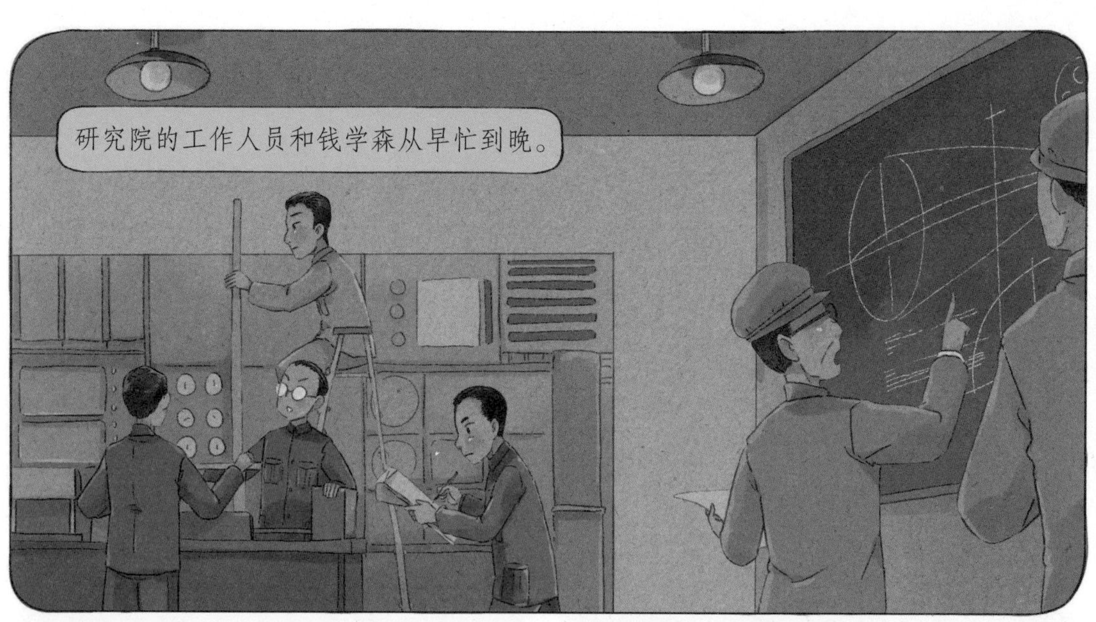
研究院的工作人员和钱学森从早忙到晚。

1962 年 3 月，东风二号导弹研制成功。
当初“两弹”的项目差点下马，还好我们憋着一口气，成功将它研制出来了！

还好“争气弹”没有让我们失望。

1962 年 3 月 21 日，在导弹发射场，科研人员兴奋地等待着东风二号导弹的发射。

5、4、3、2、1！
点火！

啊？！ 这不可能！

怎么会这样？

科学试验不要害怕失败，吸取经验从头再来，现在我们要做的是找出失败原因。

接到命令的钱学森率领国防部第五研究院有关技术人员，第二天就赶赴导弹发射试验基地，进行故障分析。

经过三个多月艰苦而细致的工作，钱学森所领导的故障分析小组终于找到了东风二号导弹首次发射失败的原因。

把故障消灭在地面，这要成为今后导弹航天试验的一条准绳。

1963年初，国防部第五院研究院开始研制第二枚东风二号导弹。

在钱学森的主持下，中国首个导弹全弹试车台于1963年9月完工。它的建成为中近程导弹及后续导弹的地面试验提供了保障。

东风二号即将进行再次发射，大家应该相信自己的努力不会白费。

是的，只要地面科研做到位，一定会成功！

载着108名参试人员和东风二号导弹的专列，向导弹发射试验基地驶去……

在导弹发射试验基地，钱学森协助张爱萍指挥导弹发射试验。

东风二号导弹在大漠晨曦中，腾空而起。

东风二号导弹准确命中目标！

我们终于成功了！

1963年4月到5月，在钱学森的主持下，国防部五院科技委召开会议，讨论导弹研制的技术途径和发展步骤。

在充分发扬技术民主的基础上，集中大家智慧，制定了《1965年至1972年地地导弹发展规划》，也就是著名的“八年四弹”规划。

我们接下来的任务就是，在1965年到1972年这八年时间里，研制出“东风”系列改进型中近程导弹、中程导弹、中远程导弹和洲际导弹。

7月9日和7月11日，又连续发射两枚东风二号导弹，全部获得圆满成功。
如果说两年前我们还是小学生的话，现在我们至少是中学生了。

东风二号导弹的研制和发射成功，标志着我国已经基本掌握了独立研制导弹的一整套复杂技术。

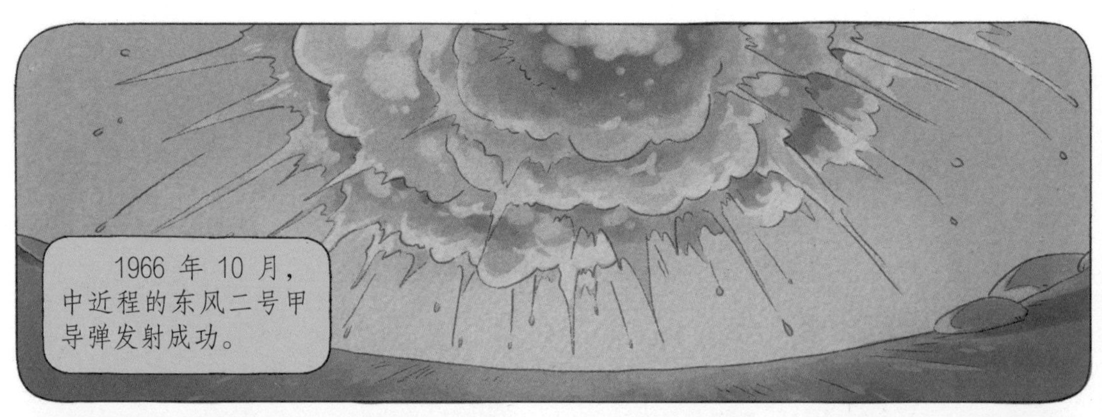
1966 年 10 月，中近程的东风二号甲导弹发射成功。

1966 年 12 月，东风三号导弹发射试验取得成功，这是完全由中国独立设计和制造的中程导弹。

1980 年 5 月 18 日，东风五号导弹全程发射试验圆满成功。

1970 年 1 月，中远程的东风四号导弹发射成功。当年4月，以东风四号为基础改进的长征一号运载火箭，把东方红一号卫星送入太空。
1971 年 9 月，东风五号洲际导弹低弹道试验首飞成功，“八年四弹”规划基本完成。
1975年11月，以东风五号为基础的长征二号运载火箭，成功发射返回式卫星。

至此，中国的第一代战略导弹研制任务全部完成了。

钱爷爷和科学家们真是了不起啊，我都激动得想掉眼泪了。

一个月后，钱学森向聂荣臻提交了“两弹”结合试验的初步方案。

1964 年 10 月 16 日 15 时，中国在本国西部地区的戈壁滩上爆炸了一颗原子弹，成功地进行了第一次核试验。

1966年10月27日，酒泉卫星发射中心试验场。

点火！

核导弹于9时
9分14秒精确
命中目标，在
预定高度成功
实现核爆炸！

太好了，我
们终于有了
自己的战略
核武器。

是的，我们
中国人的腰
杆子要硬起
来了！

太棒了！中国万岁！

看把你高兴的，是不是觉得非常自豪啊？

嗯嗯，哥哥你再接着给我说说钱爷爷参与建设人造卫星的事情吧！

1957 年到 1958 年，苏联和美国先后成功发射人造地球卫星。
不知道我们有没有这个技术也搞搞人造地球卫星。

我们也要搞人造地球卫星。

不久后，中央决定成立星际航行委员会。
这次就由你和赵九章牵头，负责组织和规划工作。

我们的导弹技术已经逐步成熟，发展人造卫星事业的时机到了。

我们争取在新中国成立20周年前，放飞第一颗人造卫星。

当然，我们应该早做准备。

1964年12月28日，赵九章向中央写报告要求开展研制卫星的工作。1965年1月8日，钱学森向国防科委正式提出《建议早日制订我国人造卫星的研究计划并列入国家任务》的报告。

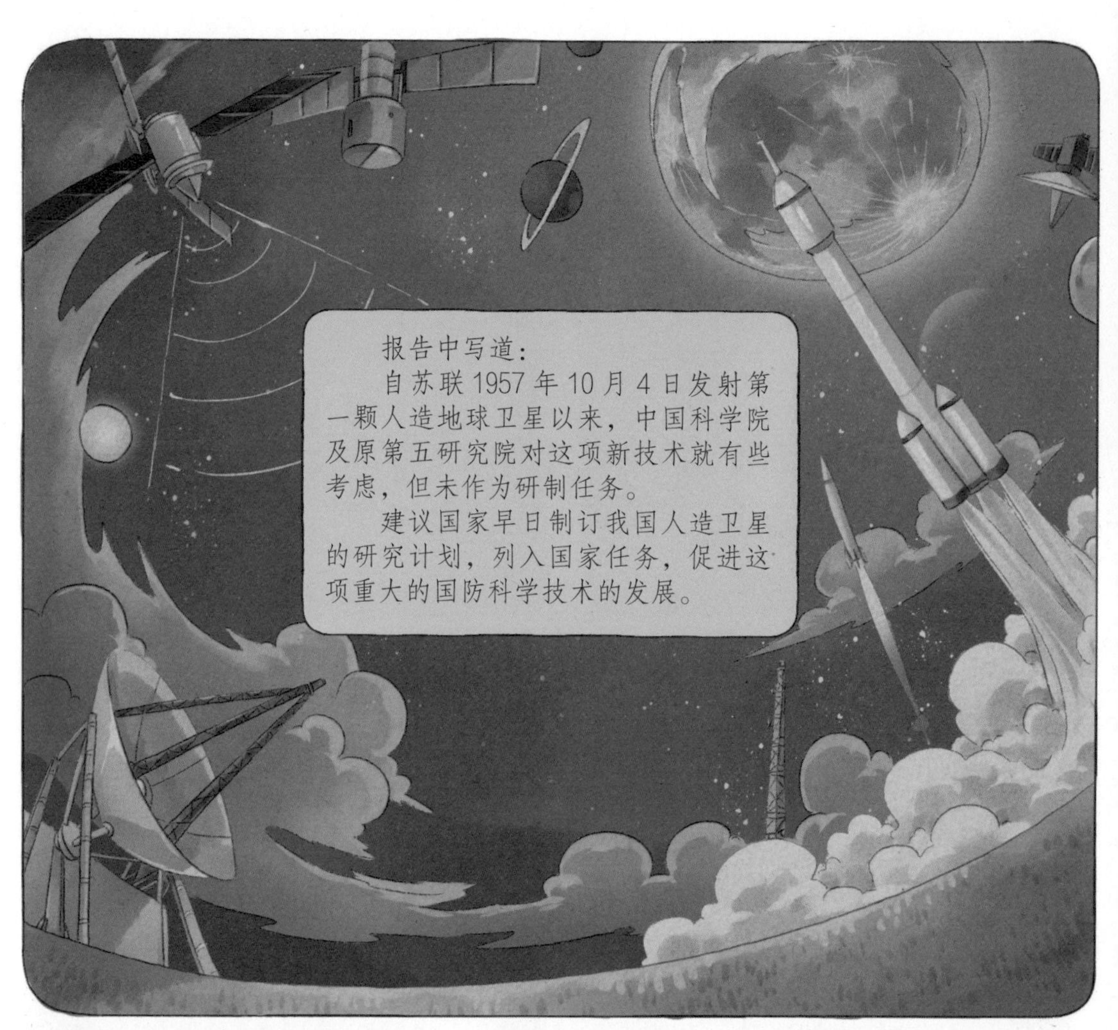
报告中写道：
自苏联1957年10月4日发射第一颗人造地球卫星以来，中国科学院及原第五研究院对这项新技术就有些考虑，但未作为研制任务。
建议国家早日制订我国人造卫星的研究计划，列入国家任务，促进这项重大的国防科学技术的发展。

批准

中国第一颗人造地球卫星项目“651工程”正式成立。

1965 年 8 月，中央专委第十三次会议召开。
我们决定将东方红一号卫星研制工程列入国家计划……
1967 年 6 月，为了统筹卫星研制力量，根据聂荣臻的提议，中央军委决定，由国防科委负责组建空间技术研究院，专门管理卫星研制工作，并委托钱学森全面负责组建工作。
孙家栋，由你来担任中国第一颗人造地球卫星的技术总负责人。
谢谢信任！我一定完成任务！

我希望组织一批人创建卫星总体设计部。
孙家栋很快就从导弹技术队伍里抽调了一批优秀人才，组建卫星总体设计部。

我愿意去！
我也愿意去！

1968年2月，国务院、中央军委正式批准组建空间技术研究院，钱学森兼任院长。
651（工程）抓总，由国防科委负责，钱学森参加。
东方红一号卫星研制的重担就落在你肩上了。

我们能够完成任务！

发射卫星的运载工具，要充分利用已有的导弹技术和探空火箭技术组成能够发射卫星的运载火箭。

是的，这样可以缩短研制时间，节省大量的人力和物力。

钱学森具体提出发射中国第一颗人造地球卫星的运载火箭方案。
在东风四号导弹的基础上，再在上面加一个固体第三级火箭。

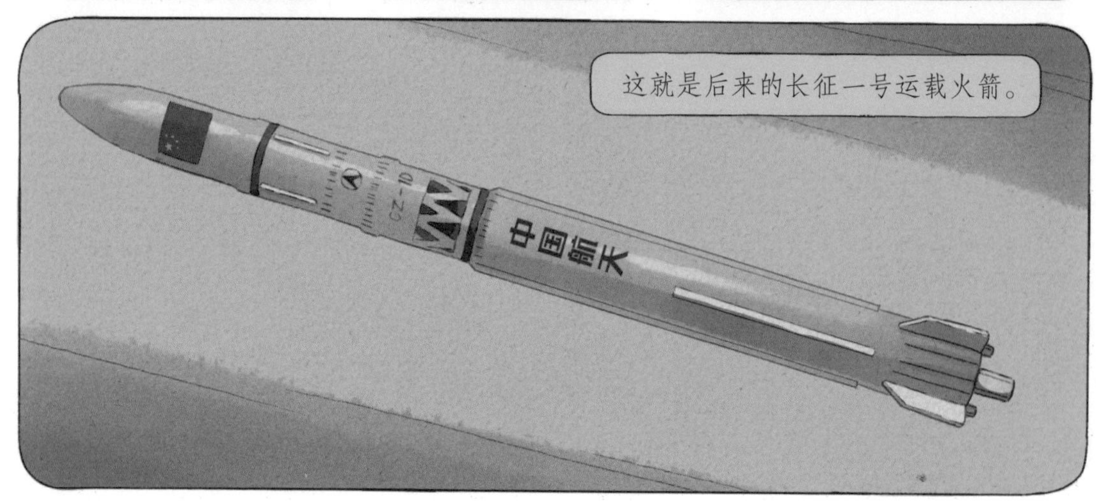
这就是后来的长征一号运载火箭。
中国航天

1969 年 8 月 22 日，长征一号运载火箭 4 次试车试验全部顺利结束，取得了圆满成功。

1969 年 9 月 15 日。

中央对即将发射的人造地球卫星下达了指标：上得去，抓得住，听得到，看得见。

困难再大也要完成！

大家开始紧锣密鼓地工作起来。

是。
人造地球卫星播送的《东方红》乐曲一定要清晰。

凡是和播放《东方红》曲目有矛盾的项目都停掉。

太棒了！
1969 年 10 月，东方红一号卫星初样研制成功。

1970 年 3 月 26 日，东方红一号卫星和长征一号运载火箭装上专列，前往西北酒泉卫星发射试验基地，待命发射。

1970 年 4 月 17 日，长征一号运载火箭和东方红一号卫星由测试厂房转运至发射场。

卫星发射一小时准备！
1970年4月24日晚上8点。

晚上8点25分。
卫星上的应答机对地面发出的信号没有反应。

卫星推迟一小时发射。

1970年4月24日晚上8点，钱学森和研究人员开始紧急检查设备。

原来是地面设备一个小接头出现松动，影响了信息的传递。

晚9点整。
卫星发射30分钟准备！

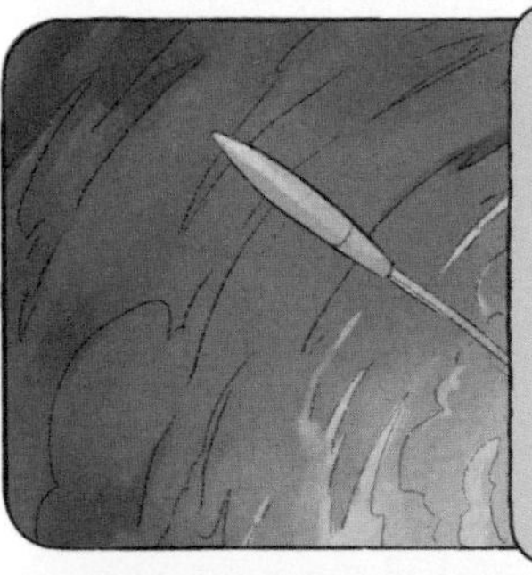

1975 年 11 月 26 日，在钱学森的指挥下，中国成功发射了第一颗返回式卫星，成为继美国、苏联之后第三个掌握卫星回收技术的国家。

1984 年 4 月 8 日，钱学森参与组织领导成功发射中国第一颗地球静止轨道试验通信卫星。钱学森提出的人造卫星“三步走”战略全部实现。

请看下一册

《我们必须征服宇宙 第7册 问鼎九天》

图书在版编目（CIP）数据

我们必须征服宇宙. 第6册 / 钱永刚主编；顾吉环, 邢海鹰编著；上尚印象绘. -- 北京：电子工业出版社, 2023.9
ISBN 978-7-121-45988-7

Ⅰ. ①我… Ⅱ. ①钱… ②顾… ③邢… ④上… Ⅲ. ①航天－少儿读物 Ⅳ. ①V4-49

中国国家版本馆CIP数据核字（2023）第131835号

责任编辑：季　萌
印　　刷：当纳利（广东）印务有限公司
装　　订：当纳利（广东）印务有限公司
出版发行：电子工业出版社
　　　　　北京市海淀区万寿路173信箱　邮编：100036
开　　本：889×1194　1/16　印张：36　字数：223.2千字
版　　次：2023年9月第1版
印　　次：2023年9月第1次印刷
定　　价：248.00元（全12册）

凡所购买电子工业出版社图书有缺损问题，请向购买书店调换。若书店售缺，请与本社发行部联系，联系及邮购电话：（010）88254888，88258888。
质量投诉请发邮件至zlts@phei.com.cn，盗版侵权举报请发邮件至dbqq@phei.com.cn。
本书咨询联系方式：（010）88254161转1860，jimeng@phei.com.cn。